FORSCHUNGSBERICHTE DES LANDES NORDRHEIN-WESTFALEN

Nr. 1355

Herausgegeben
im Auftrage des Ministerpräsidenten Dr. Franz Meyers
von Staatssekretär Professor Dr. h. c. Dr. E. h. Leo Brandt

DK 620.18:620.192:669.15.24.26.28.295

Dr.-Ing. habil. Alfred Krisch

Max-Planck-Institut für Eisenforschung, Düsseldorf

Kriechverhalten, Gefügeänderungen und Risse bei mehrjährigen Zeitstandversuchen

WESTDEUTSCHER VERLAG · KÖLN UND OPLADEN 1964

ISBN 978-3-663-06366-7 ISBN 978-3-663-07279-9 (eBook)
DOI 10.1007/978-3-663-07279-9

Verlags-Nr. 011355

Gesamtherstellung: Westdeutscher Verlag

Inhalt

I. Einleitung

Die Untersuchungen über das Verhalten der Werkstoffe bei hohen Temperaturen haben sich in den letzten Jahren vorzugsweise mit dem Gebiet befaßt, in dem die zeitabhängige Verformung nicht mehr zum Stillstand kommt, so daß mit einem langsamen, über Jahre fortschreitenden Kriechen des Werkstoffes bis zum Bruch gerechnet wird [1, 2]. Dabei wurde besonderer Wert auf die Ermittlung der Zeitstandlinie gelegt. Das Kriechen der Werkstoffe bei hohen Temperaturen und Beanspruchungen wird heute in vielen Maschinen und Apparaten berücksichtigt [3], und es liegt nahe, durch Verformungsmessungen sich ein Urteil darüber zu verschaffen, ob etwa die Verformungen einzelner Teile ein unzulässiges Maß erreicht haben oder so schnell fortschreiten, daß dadurch die Betriebssicherheit gefährdet ist. Daher wurde an zwei Stählen bei verschiedenen Temperaturen in einer Reihe von zum Teil mehrjährigen Versuchen der Verlauf der Zeitdehnung möglichst bis zum Bruch beobachtet.

Die Untersuchung erstreckte sich auf einen ferritischen vergüteten Chrom-Molybdän-Stahl A entsprechend der Stahlmarke 13 CrMo 44 und einen austenitischen Chrom-Nickel-Stahl B, der mit Titan stabilisiert war, entsprechend Werkstoffnummer 1.4541 (X 10 CrNiTi 189). Die chemische Zusammensetzung der Stähle ist in Tab. 1 wiedergegeben. Beide Stähle waren betriebsmäßig in

Tab. 1 Chemische Zusammensetzung der untersuchten Stähle

Bezeichnung	C [%]	Si [%]	Mn [%]	P [%]	S [%]	Cr [%]	Mo [%]	N [%]	Ni [%]	Ti [%]	V [%]
A	0,11	0,35	0,50	0,010	0,013	0,87	0,45	0,014	0,07		0,01
B	0,08	0,50	0,67	0,020	0,009	18,20	0,22	0,012	10,05	0,64	0,02

einem Stahlwerk erschmolzen und zu Stangen von 20 mm Durchmesser verschmiedet worden. Stahl A wurde bei 930° C mit nachfolgender Luftabkühlung geglüht und 1 h auf 700–710° C angelassen; Stahl B wurde bei 1080° C lösungsgeglüht und anschließend in Wasser abgeschreckt. Nach der Wärmebehandlung wurden alle Rohlinge auf Härte geprüft; die Ergebnisse von Zugversuchen bei Raumtemperatur zeigt Tab. 2.

Für die Versuche wurden Zeitstandprüfmaschinen verschiedener Bauart verwendet, in denen jeweils eine Probe in einem Luftofen erwärmt und mit Hilfe eines Hebels belastet wird. Die Dehnung wurde teils mit Martensschen Spiegelgeräten gemessen und 1000:1 fotografisch aufgezeichnet [4], teils mit Meßuhren mit 1/100 mm Teilung abgelesen.

Tab. 2 Mechanische Eigenschaften bei Raumtemperatur

Stahl-bezeich-nung	Wärmebehandlung	Streck-grenze [kg/mm²]	0,2-Grenze [kg/mm²]	Zug-festigkeit [kg/mm²]	Bruch-dehnung δ_{10} [%]	Bruch-einschnü-rung [%]
A	½ h 930° C/Luft 1 h 700–710° C/Luft	40,0	–	49,3	24,4	77
B	20 min 1080° C/Wasser	–	20,8	56,2	54,0	72

II. Ergebnisse

a) Chrom-Molybdän-Stahl A (13 CrMo 44)

1. Zeitstandversuche bei 500–600° C

Der Stahl A wurde bei den Temperaturen 500, 550, 575 und 600° C geprüft; die Belastungen wurden so gewählt, daß Bruchzeiten zwischen rd. 1000–100 000 h zu erwarten waren. Für die drei unteren Temperaturen wurden Versuche bis über 50 000 h, für 500° C auch bis 65 000 h geführt, wobei aber nur ein Bruchpunkt jenseits 50 000 h gefunden wurde; die übrigen Proben laufen noch oder wurden zu metallographischen Untersuchungen ausgebaut.

Als Beispiel für die aufgenommenen Zeitdehnlinien sind in Abb. 1a die der 500° C-Versuche wiedergegeben. Sie zeigen über lange Zeiten einen verhältnismäßig gleichmäßigen Anstieg der Dehnung, dem etwa im letzten Drittel des Versuches ein immer steiler werdender Kurvenast folgt, bis die Probe bricht. Je höher die Belastung ist, um so steiler verlaufen die Kurven, von Streuungen abgesehen. Auch bei der niedrigsten untersuchten Beanspruchung findet ein fortlaufendes Kriechen statt. Ein Stillstand des Dehnens, der nach Pomp und Dahmen [5] und Pomp und Enders [4] die Voraussetzung für die Bestimmung der wahren Dauerstandfestigkeit ist, ist bei dieser Temperatur von 500° C und Beanspruchungen von 12 kg/mm^2 oder höher nicht mehr beobachtet worden, auch nicht für die höheren Temperaturen mit entsprechend verminderter Beanspruchung.

Einer Zeitstandfestigkeit von 100 000 h, wie sie vielen Festigkeitsberechnungen heute zugrunde liegt, dürfte eine mittlere Dehngeschwindigkeit von etwa $1 \cdot 10^{-4}$%/h entsprechen, wenn mit einer Bruchdehnung von 10% gerechnet wird. Die Versuche ergaben jedoch, daß diese Dehngeschwindigkeit zu hoch wäre. Wie Abb. 1b zeigt, besonders für die Probe 18 mit 15 kg/mm^2 Beanspruchung, findet auch für Versuche, bei denen diese $1 \cdot 10^{-4}$%/h über mehr als 20 000 h unterschritten werden, noch ein Wiederanstieg der Dehngeschwindigkeit statt, so daß diese Probe nach 52 058 h gebrochen ist. Erst wenn die Dehngeschwindigkeiten um $2 \cdot 10^{-5}$%/h liegen, wie es bei Probe 20 mit 12 kg/mm^2 Beanspruchung der Fall ist, ist in 60 000stündigen Versuchen noch kein Wiederanstieg der Dehngeschwindigkeit und damit auch kein Hinweis auf einen baldigen Bruch vorhanden. Die Versuche bei den Temperaturen 550° C und 6 kg/mm^2 Beanspruchung sowie 575° C und 4 kg/mm^2 Beanspruchung bestätigen, daß für diese Stähle erst Dehngeschwindigkeiten unter $3 \cdot 10^{-5}$%/h, die über lange Zeiten gemessen sein müssen, eine Voraussage über das Verhalten der Probe in den nächsten Jahren erlauben.

Die Versuche mit höheren Beanspruchungen bestätigen die Aussage, daß bei kleinsten Dehngeschwindigkeiten von $1 \cdot 10^{-4}$%/h und darüber bei diesem Stahl

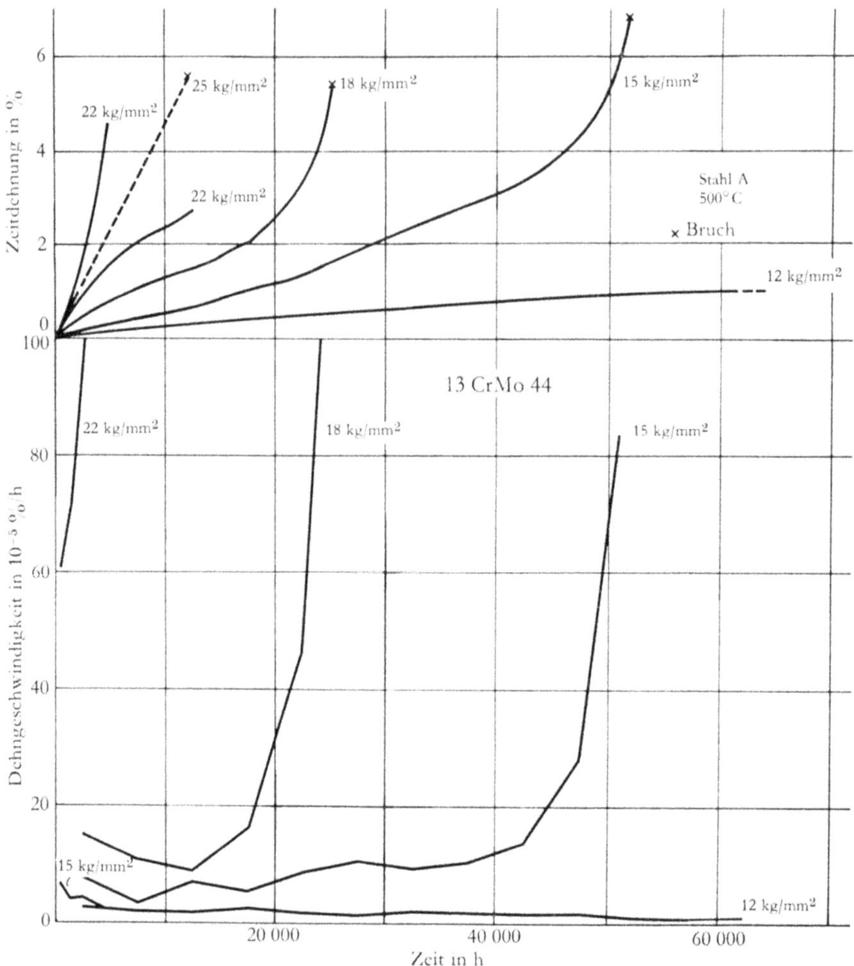

Abb. 1a und b Zeitdehnung und Dehngeschwindigkeit in Abhängigkeit von der Versuchszeit für Stahl A bei 500°C

eine längere Lebensdauer nicht zu erreichen ist; die Dehngeschwindigkeit steigt bald nach Erreichen eines Mindestwertes wieder an.

Die bei den Versuchen gemessenen Bruchzeiten sind in Abb. 2 in doppeltlogarithmischer Darstellung wiedergegeben; von den vorzeitig ausgebauten Proben sind nur die eingezeichnet und durch einen Pfeil hervorgehoben, die weitere Rückschlüsse auf den Verlauf der Zeitstandlinien gestatten. Die aus den gezeichneten Zeitstandlinien entnommenen Zeitstandfestigkeiten sowie die Zeitdehngrenzen sind in Tab. 3 zusammengestellt, sie liegen an der unteren Grenze des für diesen Stahl bekannten Streubereiches. Wie zu erwarten, wurde eine um so längere Bruchzeit gefunden, je niedriger die Beanspruchung und je höher die Temperatur war. Streuungen der Versuche mit kürzeren Bruchzeiten ließen sich

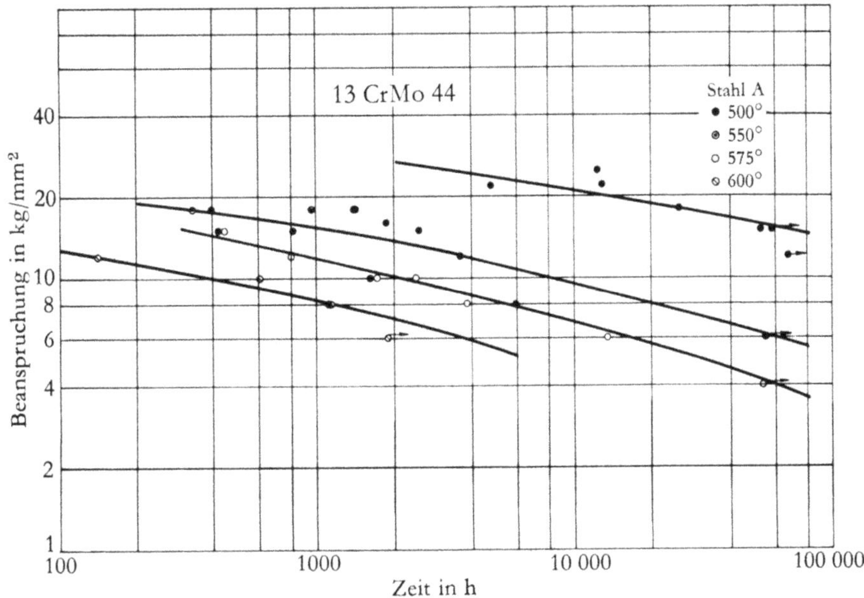

Abb. 2 Zeitstandlinien des Stahles A für 500, 550, 575 und 600°C

mit geringen Unterschieden in der Korngröße und in der Härte nach dem Vergüten erklären. Die Zeitstandlinien wurden nach der Gleichung [6]

$$\log \sigma = \alpha + \gamma (\log t)^2$$

berechnet (σ = Beanspruchung, t = Zeit); die Festwerte α und γ zeigten dabei einen fast linearen Abfall mit der Versuchstemperatur (Tab. 4).

Tab. 3 Zeitdehngrenzen und Zeitstandfestigkeit des Stahles A

Temperatur [°C]	0,5%-Zeitdehngrenze für 1000 h [kg/mm²]	0,5%-Zeitdehngrenze für 10000 h [kg/mm²]	1%-Zeitdehngrenze für 1000 h [kg/mm²]	1%-Zeitdehngrenze für 10000 h [kg/mm²]	2%-Zeitdehngrenze für 1000 h [kg/mm²]	2%-Zeitdehngrenze für 10000 h [kg/mm²]	Zeitstandfestigkeit für 1000 h [kg/mm²]	Zeitstandfestigkeit für 10000 h [kg/mm²]	Zeitstandfestigkeit für 100000 h [kg/mm²]
500	21	14,5	26	16,5	–	19	29	21	(13,6)
550	9,8	6,5	11	7,3	13	8,5	15,4	9,6	(5,2)
575	6,8	4,2	7,8	4,7	9,5	5,5	11,7	6,8	(3,4)
600	–	–	5,9	–	6,6	–	8,4	(4,6)	–

Tab. 4 Festwerte α und γ in der Gleichung $\sigma = \alpha + \gamma (\log t)^2$ für Stahl A

Temperatur [°C]	α	γ
500	1,65	— 0,021
550	1,45	— 0,030
575	1,37	— 0,034
600	1,26	— 0,038

Die bei diesen Zeitstandversuchen gefundenen Bruchdehnungen, Abb. 3a, sind im allgemeinen gering, doch ist bei Vergleichen mit anderen Versuchen zu beachten, daß sie über eine Meßlänge gleich dem zehnfachen Stabdurchmesser bestimmt wurden. Für die Temperaturen 500–575°C wurden bei Bruchzeiten über 2000 h Bruchdehnungen unter 10% gefunden, für kürzere Bruchzeiten sind die Werte für 575 und 600°C höher. Infolge der vorliegenden ungleichen Bruchzeiten und der Streuungen ist eine klare Abhängigkeit der Bruchdehnung von der Temperatur nicht zu erkennen; für gleiche Versuchszeiten dürfte die Bruchdehnung für 500°C am niedrigsten, für 600°C am höchsten sein.

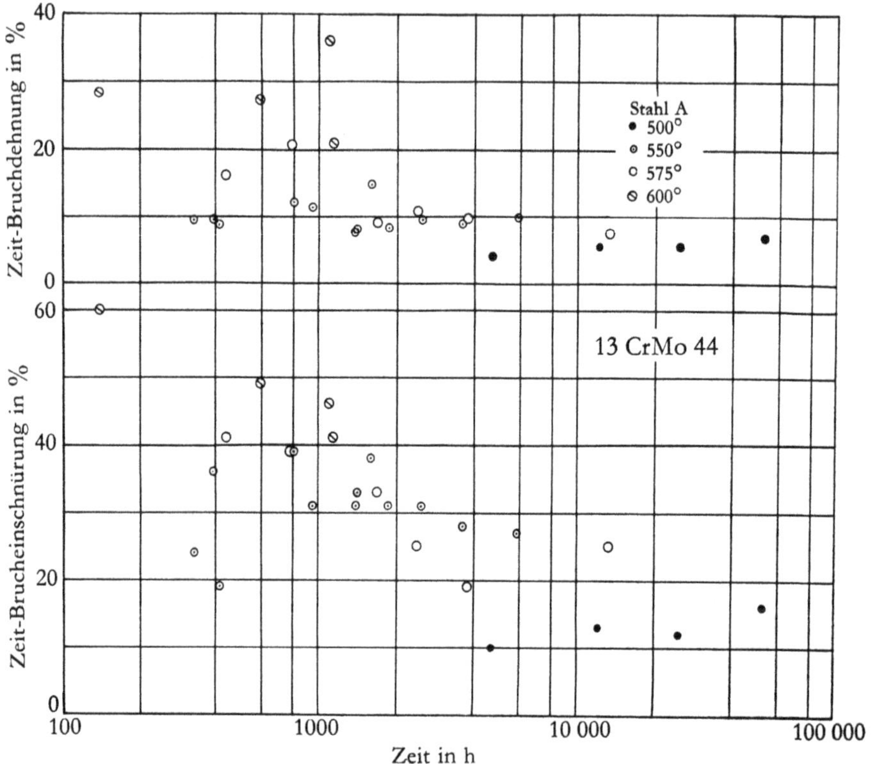

Abb. 3a und b Zeitbruchdehnung und Zeitbrucheinschnürung in Abhängigkeit von der Versuchszeit für Stahl A

Im Einklang hiermit sind auch die Brucheinschnürungen gering, Abb. 3b. Auch hier überwiegt der Einfluß der Versuchszeit dem der Versuchstemperatur. Die Versuche bei 500°C mit Bruchzeiten zwischen 4700 und 52 000 h weisen nur Einschnürungen zwischen 10 und 16% auf, wobei der längste Versuch, ebenso wie bei der Bruchdehnung, noch die günstigsten Werte zeigt. Die Versuche bei den höheren Temperaturen, aber kürzeren Versuchszeiten weisen Werte zwischen 17 und 40% auf, die von den nach verhältnismäßig kurzer Zeit gebrochenen 600° C-Proben mit 40–60% übertroffen werden.

2. *Gefügeänderungen während der langzeitigen Beanspruchung*

Die metallographische Untersuchung hatte für den Ausgangszustand des Stahles A ein Gefüge von Ferrit und körnigem Perlit und Zwischenstufengefüge ergeben. Der Ferrit ist praktisch frei von Ausscheidungen, die Korngrenzen sind nur vereinzelt mit Karbiden besetzt. Durch den 45-stündigen Zeitstandversuch bei 500° C wird dieser Zustand nicht nennenswert verändert, Abb. 4, auch ist kaum ein Unterschied zwischen dem Gefüge des weniger beanspruchten Einspannkopfes und der Meßlänge des Stabes vorhanden. Dieses Gefüge ändert sich bei längerer Zeitstandbeanspruchung. So sind bei den Proben mit Bruchzeiten von 12 783 und 25 314 h die Korngrenzen erheblich dichter mit Karbiden belegt als nach dem Versuch von 45 h Dauer. Auch treten in den Kornflächen Feinstausscheidungen hervor, die in den Körnern verschieden dicht sind. Nach 52 058 h, Probe Nr. 18, sind die Karbide auf den Korngrenzen und in den Kornflächen bereits erheblich zusammengeballt, Abb. 5. Diese Abbildung zeigt auch eine Kette von Mikrorissen auf Korngrenzen.
Bei 550° C sind die Karbide auf den Korngrenzen bereits nach 948 h zahlreich zu finden. Bei längerer Versuchsdauer nehmen diese Ausscheidungen ähnlich wie bei 500° C zu, wobei die Zusammenballung der Karbide in den Kornflächen ein solches Maß annimmt, daß die Korngrenzen stellenweise nur schwer zu erkennen sind. Dieser Vorgang schreitet bei 575° C weiter fort; Abb. 6 zeigt eine Aufnahme von einer nach 791 h bei 12 kg/mm² Beanspruchung gebrochenen Probe Nr. 51 mit starker, aber ungleichmäßiger Belegung der Kornflächen und Korngrenzen durch Ausscheidungen, die stärker koaguliert sind als in Abb. 5. Auch in dieser Probe sind Korngrenzenrisse zu erkennen. Die Zusammenballung der Karbide in den Kornflächen geht bei langen Laufzeiten so weit, daß nach 53 056 h bei 575° C (Probe Nr. 64) die Perlitkörner in Hohlkehle und Stabkopf nur noch schwach, in der Meßlänge kaum noch zu erkennen sind (Abb. 7). Bei 600° C sind nach einer Bruchzeit von 1568 h die Ausscheidungen in den Korngrenzen und im Ferrit stärker zusammengeballt als nach 791 h bei 575° C; die Zusammenballung im Perlit ist fast mit der oben besprochenen Probe bei 575° C und 53 056 h zu vergleichen.
Noch nicht abgeschlossene elektronenmikroskopische und Röntgenuntersuchungen sollen weiteren Aufschluß über die Art der Ausscheidungen liefern.
Außer den hier besprochenen wurde noch eine Reihe weiterer Proben metallographisch untersucht. Dabei wurde in allen gebrochenen Proben eine mehr oder minder große Zahl von Mikrorissen bevorzugt auf den Korngrenzen gefunden. Ihre Zahl und Größe nahm nahe dem Bruch zu. Deshalb ist anzunehmen, daß die ersten dieser Risse bereits eine geraume Zeit vor dem Bruch der Probe entstanden sind und bei ihrer Entstehung und Vergrößerung zusätzliche Dehnungen

Abb. 4–7 Mikrogefüge von Zeitstandproben des Chrom-Molybdän-Stahles A
Ätzung: alkoh. Pikrinsäure und Salpetersäure, Vergrößerung: 1500:1

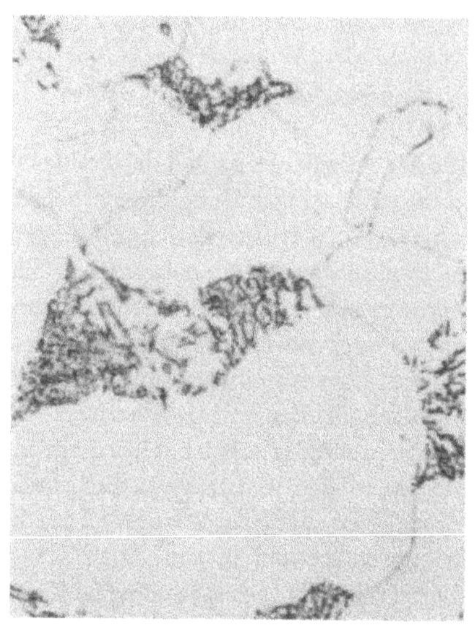

Abb. 4 500° C, 24 kg/mm², 45 h, ausgebaut

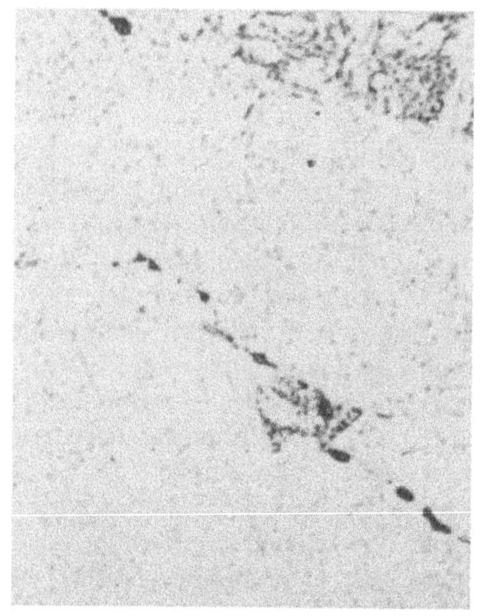

Abb. 5 500° C, 15 kg/mm², 52 058 h Bruchdehnung 6,8%, Brucheinschnürung 16%

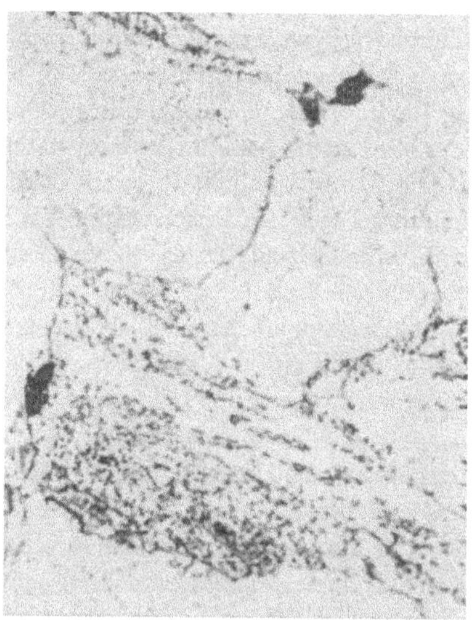

Abb. 6 575° C, 12 kg/mm², 791 h Bruchdehnung 20,5%, Brucheinschnürung 39%

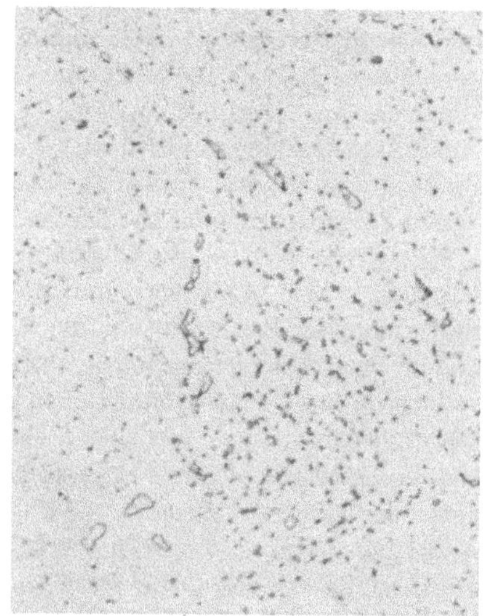

Abb. 7 575° C, 4 kg/mm², 53 056 h, ausgebaut

vorgetäuscht haben. Die Art und das ungleiche Fortschreiten der Mikrorisse dürfte auch die Streuungen in den Zeitdehnungskurven, in den Dehngeschwindigkeitskurven und in den Bruchzeiten von Parallelproben beeinflußt haben. Keine Risse wurden in den Proben gefunden, die als Kurzversuche nach 45 h Laufzeit ausgebaut worden waren, sowie in den Proben Nr. 30 und Nr. 64, die bei 550° C, 6 kg/mm² Beanspruchung mit 54 516 h sowie 575° C, 4 kg/mm² Beanspruchung mit 53 056 h eine besonders lange Laufzeit gehabt haben. Diese Proben hatten, danach zu urteilen, noch eine lange Lebensdauer vor sich, was auch aus der Dehngeschwindigkeitskurve zu erwarten ist. Auch die bei 600° C, 6 kg/mm² Beanspruchung, nach 1 568 h ausgebaute Probe war noch rißfrei.

b) Austenitischer Chrom-Nickel-Titan-Stahl B (X 10 CrNiTi 189)

1. Zeitstandversuche bei 600–800° C

Der Stahl B wurde bei Temperaturen 600–800° C untersucht, wobei die Versuche bei 650° C bis über 53 000 h, die bei 600 und 800° C bis über 23 000 h geführt wurden.

Die Zeitdehnlinien der Versuche bei 600–750° C sind mit denen des Stahles A grundsätzlich zu vergleichen. Ein Stillstand des Kriechvorganges konnte auch bei Stahl B in keinem Fall beobachtet werden. Die niedrigsten Dehngeschwindigkeiten wurden bei 600° C, 10 kg/mm² Beanspruchung, und 650° C, 4 kg/mm² Beanspruchung, mit $2 \cdot 10^{-5}$%/h gemessen. Es zeigte sich jedoch bei dem 600° C-Versuch, daß hiermit kein Zustand mit gleichbleibender Dehngeschwindigkeit erreicht war, sondern nach etwa 7000 h stieg die Dehngeschwindigkeit für weitere 10 000 h auf das Doppelte bis Dreifache; nach nochmals 6000 h trat der Bruch ein. Zwei Versuche bei 650° C und 4 kg/mm² Beanspruchung behielten über 17 000 und 23 000 h Dehngeschwindigkeiten unter $4 \cdot 10^{-5}$%/h bei, bis sie ausgebaut wurden. Sie zeigten dann Mikrorisse im Gefüge. Diese Mikrorisse lassen auf eine baldige Zunahme der Dehngeschwindigkeit und nachfolgenden Bruch schließen, so daß also bei diesem Stahl aus Dehngeschwindigkeiten von rd. $2 \cdot 10^{-5}$%/h noch keine Voraussage über das Verhalten in den nächsten Jahren möglich ist. Es sind daher noch Versuche mit niedrigeren Beanspruchungen notwendig.

In ähnlicher Weise hatten Versuche mit Bruchzeiten von etwa 20 000 h für die ersten zwei Drittel der Versuchszeit einen verhältnismäßig gleichmäßigen Anstieg der Zeitdehnlinie. Bei Versuchen mit kürzerer Bruchzeit von nur wenigen 1000 h wurde dagegen ein Kleinstwert der Dehngeschwindigkeit bereits nach einem Fünftel der Bruchzeit gefunden, an den sich dann ein immer schnellerer Anstieg der Zeitdehnlinie anschloß. Das galt auch für die Temperaturen 700 und 750° C.

Ein etwas anderes Aussehen haben die Kurven der Versuche bei 800° C, Abb. 8. Bei den Versuchen mit Laufzeiten von mehr als 2000 h findet sich zwar auch ein verhältnismäßig schneller Anstieg der Dehnungen für den ersten Teil des Versuches bis zu mehreren Prozenten, als ob mit einem Bruch in nächster Zeit zu rechnen ist. Dann wird die Kurve aber wieder flacher, und die Probe verhält sich

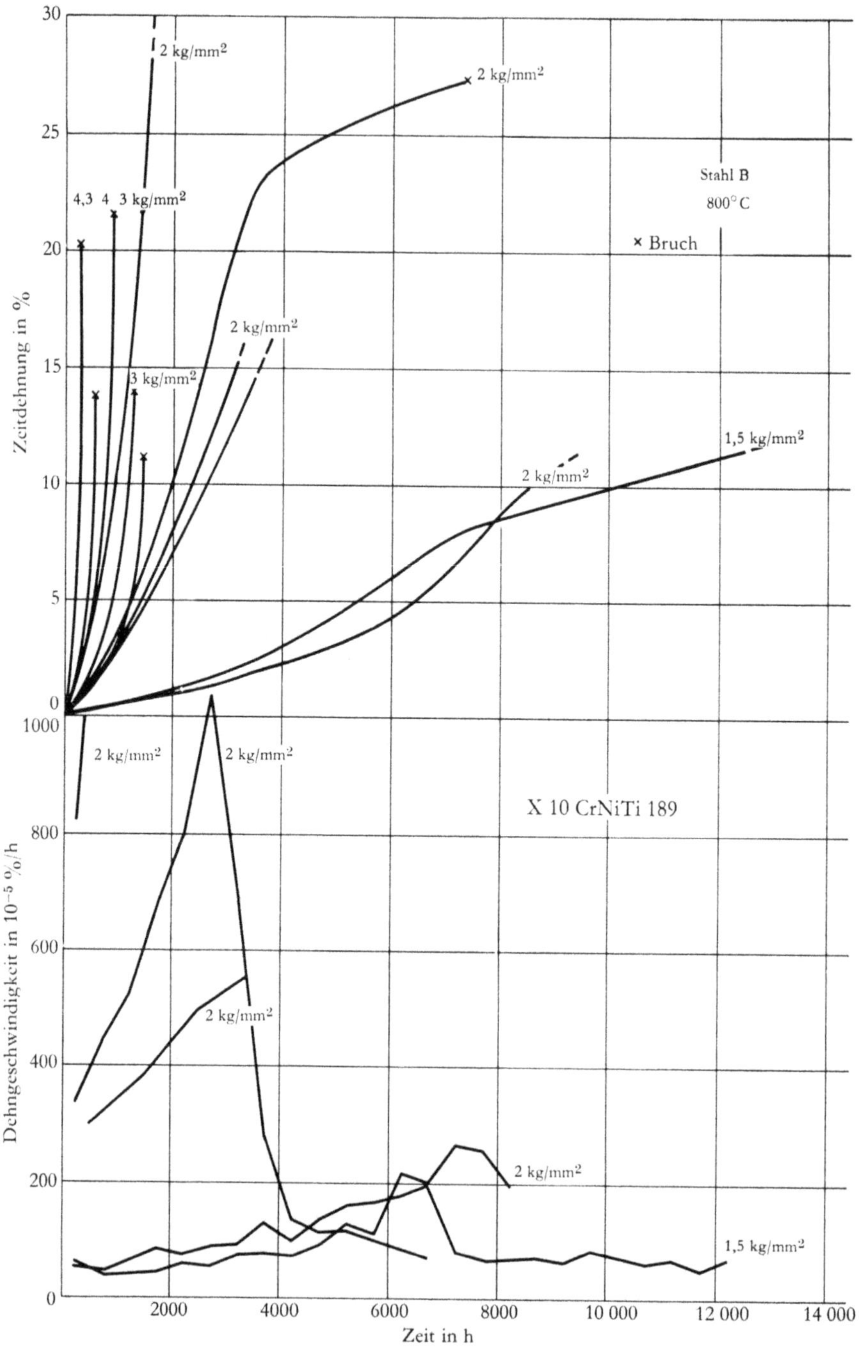

Abb. 8a und b Zeitdehnung und Dehngeschwindigkeit in Abhängigkeit von der Versuchszeit für Stahl B bei 800°C

für einige 1000 h wesentlich anders als am Anfang, bis sie schließlich bei einer hohen Gesamtdehnung bricht. Für 1,5 kg/mm², Stab Nr. 85 in Abb. 8, wurde bereits zu Beginn des Versuches die hohe Dehngeschwindigkeit von $6 \cdot 10^{-4}\%/h$ gemessen, die auf einen Höchstwert von $2{,}0 \cdot 10^{-3}\%/h$ anstieg. Obwohl schon damit Zeitdehnungen von 8% in 4000 h erreicht waren, fiel die Dehngeschwindigkeit in den nächsten 5000 h wieder auf den Anfangswert von $6 \cdot 10^{-4}\%/h$ ab; der Versuch wird noch fortgesetzt. Durchaus ähnlich verhielt sich ein Versuch Nr. 96 mit 2 kg/mm² Beanspruchung, der aber vermöge der höheren Beanspruchung auch höhere Dehngeschwindigkeiten zeigt.

Bei diesen Proben tritt also nach längerer Laufzeit des Versuches ein grundsätzlich anderes Verhalten ein, das auf Gefügeänderungen während des Zeitstandversuches zurückzuführen ist. Bemerkenswert ist, daß ein Parallelversuch Nr. 102 mit 2 kg/mm² von vornherein während der Zeit, in der Stab 96 die hohen Dehngeschwindigkeiten gezeigt hatte, nur Dehngeschwindigkeiten von $8 \cdot 10^{-4}\%/h$ hatte, um dann nach etwa 5000 h die Dehngeschwindigkeit von Stab 96 zu übertreffen und auf $2 \cdot 10^{-3}\%/h$ anzusteigen. Auch dieser Versuch ist noch nicht beendet. Ein dritter Versuch Nr. 94 mit 2 kg/mm² Beanspruchung hatte bereits zu Beginn etwas höhere Dehngeschwindigkeiten von $7 \cdot 10^{-3}\%/h$ und steigerte seine Dehngeschwindigkeit fortlaufend bis zum Bruch nach 1810 h.

Gerade bei 800°C haben wir also in den Parallelversuchen grundsätzlich verschiedene Typen für die Zeitdehnungskurven, so daß eine Voraussage über den Verlauf des Versuches fast unmöglich ist.

Das Zeitstandschaubild des Stahles B zeigt Abb. 9; in Tab. 5 sind außer den Zeitstandfestigkeiten die Zeitdehngrenzen zusammengestellt. Für die Tempera-

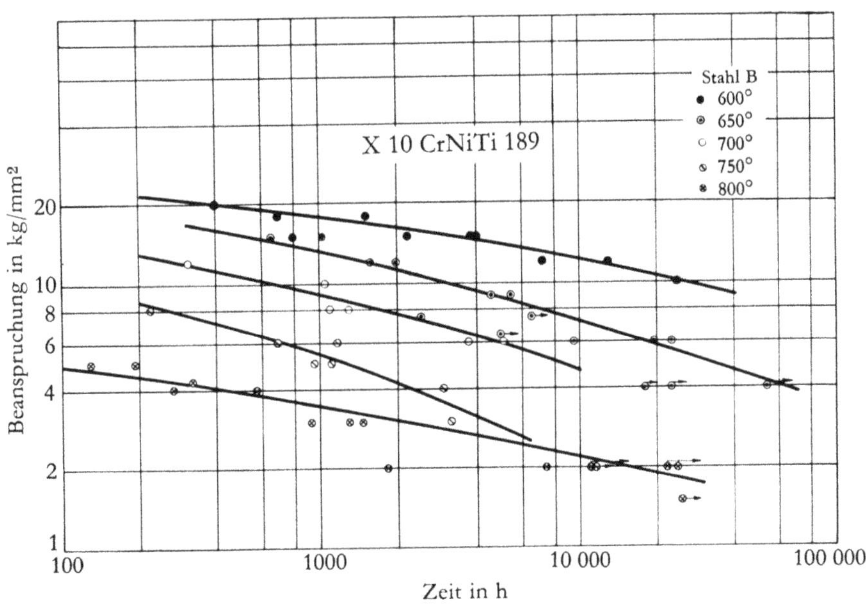

Abb. 9 Zeitstandlinien des Stahles B für 600, 650, 700, 750 und 800°C

Tab. 5 Zeitdehngrenzen und Zeitstandfestigkeit des Stahles B

Temperatur [°C]	0,5%-Zeitdehngrenze für 1000 h [kg/mm²]	0,5%-Zeitdehngrenze für 10000 h [kg/mm²]	1%-Zeitdehngrenze für 1000 h [kg/mm²]	1%-Zeitdehngrenze für 10000 h [kg/mm²]	2%-Zeitdehngrenze für 1000 h [kg/mm²]	2%-Zeitdehngrenze für 10000 h [kg/mm²]	Zeitstandfestigkeit für 1000 h [kg/mm²]	Zeitstandfestigkeit für 10000 h [kg/mm²]	Zeitstandfestigkeit für 100000 h [kg/mm²]
600	15,0	10,0	16	10,5	17	11,5	17,5	12	(7,4)
650	10,5	5,3	11,5	6,3	12,5	7,0	13	7,2	(3,3)
700	5,0	–	5,5	–	6,8	–	9	(4,6)	–
750	3,0	(1,7)	3,8	2,0	4,5	–	5,3	2,2	–
800	1,7	–	2,1	–	2,3	–	3,4	2,2	(1,2)

turen 600–750° C haben die Kurven die erwartete Zunahme der Versuchszeit bei Herabsetzung der Beanspruchung und Abnahme derselben mit Steigerung der Versuchstemperatur. Anders verhält sich der Werkstoff bei 800° C; namentlich durch einige Versuche bei den Beanspruchungen 1,5 und 2 kg/mm² bedingt, die alle noch nicht gebrochen sind, mußte die Zeitstandlinie für diese Temperatur so flach gelegt werden, daß sie die 750° C-Linie schneiden sollte. Allerdings ist für die kritische Bruchzeit die Kurve für 750° C noch nicht versuchsmäßig belegt, so daß auch für diese Temperatur ein ungewöhnlicher Verlauf im Vergleich zu den niedrigeren Temperaturen möglich wäre. Die Festwerte α und γ der oben genannten Gleichung für die Zeitstandlinie zeigen daher nicht die lineare Abhängigkeit von der Versuchstemperatur wie bei dem Stahl A, vielmehr kommt der flachere Verlauf der 800° C-Kurve durch einen niedrigeren Festwert γ zum Ausdruck (Tab. 6).

Tab. 6 Festwerte α und σ in der Gleichung $\sigma = \alpha + \gamma (\log t)^2$ für Stahl B

Temperatur [° C]	α	γ
600	1,46	— 0,024
650	1,45	— 0,037
700	1,33	— 0,042
750	1,22	— 0,055
800	0,78	— 0,029

Dieses abweichende Verhalten besteht auch für die zugehörigen Zeitbruchdehnungen und -einschnürungen, Abb. 10a und b. Für die Temperaturen 600–650° C ist ein Abfall der Zeitbruchdehnung und -einschnürung mit zunehmender Versuchszeit vorhanden; die wenigen Versuchspunkte oberhalb 10 000 h haben alle Dehnungswerte unter 4%. Für Zeiten unter 1000 h scheinen die Werte für 650° C etwas günstiger zu sein als die für 600° C. Für 700 und 750° C werden nur wenig bessere Werte für die Bruchdehnung und Brucheinschnürung als für die

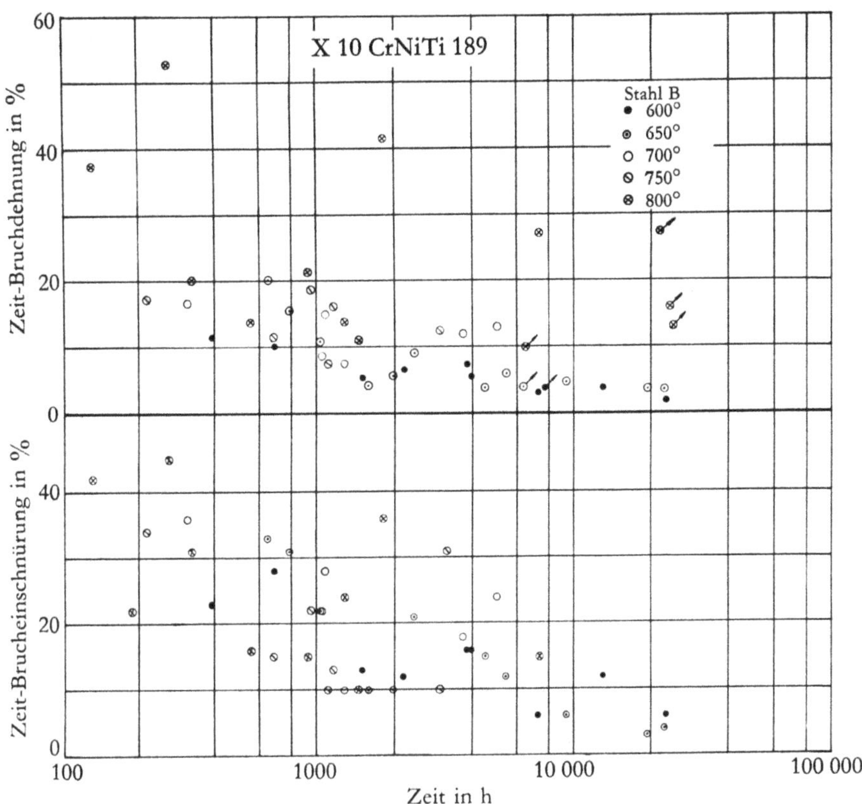

Abb. 10a und b Zeitbruchdehnung und Zeitbrucheinschnürung in Abhängigkeit von der Versuchszeit für Stahl B

niedrigeren Temperaturen beobachtet. Für 800°C liegen hingegen nur einige Werte der Bruchdehnung in diesem allgemeinen Bereich, während die anderen Werte deutlich höher sind. Besonders ist dabei auf einige noch nicht gebrochene Proben bei 800°C mit Versuchszeiten von mehr als 8000 h hinzuweisen, deren Zeitdehnungswerte bereits deutlich über den Bruchdehnungswerten der Proben mit niedrigen Versuchstemperaturen liegen.

Aber besonders für die hohen Temperaturen sind die gemessenen und in Abb. 10a und b eingetragenen Verformungswerte nicht als echt anzusehen. Fast alle Bruchstücke zeigten nach dem Ausbau über eine kleinere oder größere Länge äußerlich sichtbare Risse, die zusammen mit inneren Rissen eine erhöhte Verformung der Probe vortäuschen und die teilweise schon geraume Zeit vor dem Bruch entstanden sein müssen. Solche Beobachtungen waren schon früher an austenitischen Stählen gemacht worden [7]. Die Umrechnung dieser scheinbaren Verformungswerte auf wirkliche Bruchdehnungen und -einschnürungen unter Berücksichtigung der Anteile, die durch die Rißbildung hinzugekommen sind, dürfte recht schwierig sein.

2. Gefügeänderungen während der langzeitigen Beanspruchung

Im Ausgangszustand zeigt der Chrom-Nickel-Titan-Stahl B ein austenitisches Gefüge unterschiedlicher Korngröße mit Zwillingsstreifen; fast in allen Kornflächen, dagegen nur auf wenigen Korngrenzen sind punktförmige Ausscheidungen vorhanden. Dieses Gefüge erwies sich als mit der Zeitstandbeanspruchung veränderlich. Der Schliff in Abb. 11, der dem Einspannkopf einer nach 394 h bei 600° C und 20 kg/mm² Beanspruchung gebrochenen Zeitstandprobe entnommen war, unterscheidet sich noch nicht von dem Zustand nach der Wasserabschrekkung von 1080° C. In der Meßlänge dieser Probe zeigen sich jedoch an einem Schliffbild, das nahe einem Mikroriß hergestellt worden ist, bereits deutliche Ausscheidungen einer neuen Phase, die an der Korngrenze neben den anderen punktförmigen Ausscheidungen in den Kornflächen entstanden ist. Diese neue Phase ist in einer anderen Probe, die bei gleicher Temperatur und 10 kg/mm² Beanspruchung nach 3030 h ausgebaut worden war, kaum vorhanden, vielleicht weil diese Probe noch keine ausreichende Verformung erfahren hatte; sie tritt jedoch erneut in einer gebrochenen Probe auf, die 3806 h bei 15 kg/mm² Belastung gelaufen war, Abb. 12, und zwar wieder in Verbindung mit Mikrorissen. Daneben erscheinen in einigen der Kornflächen feine Ausscheidungen, während andere frei bleiben. Bei längerer Dauer des Versuches von 23 817 h sind deutlich Korn-

Abb. 11–15 Mikrogefüge von Zeitstandproben aus Chrom-Nickel-Titan-Stahl B
Ätzung: V2A-Beize, Vergrößerung: Abb. 11 und 14 500:1, Abb. 12, 13 und 15 1500:1

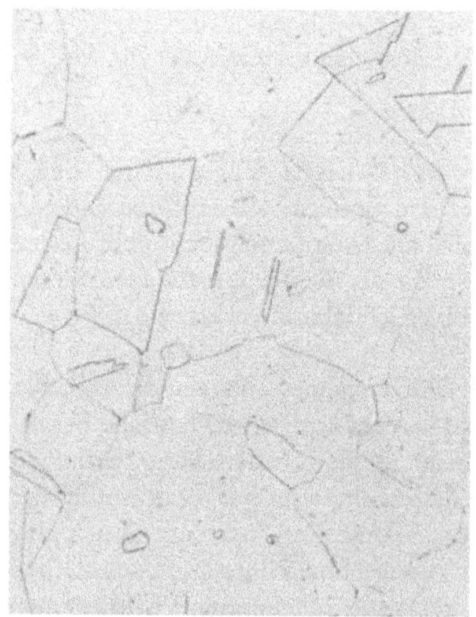

Abb. 11 600° C, 20 kg/mm², 394 h
Bruchdehnung 11,6%,
Brucheinschnürung 23%

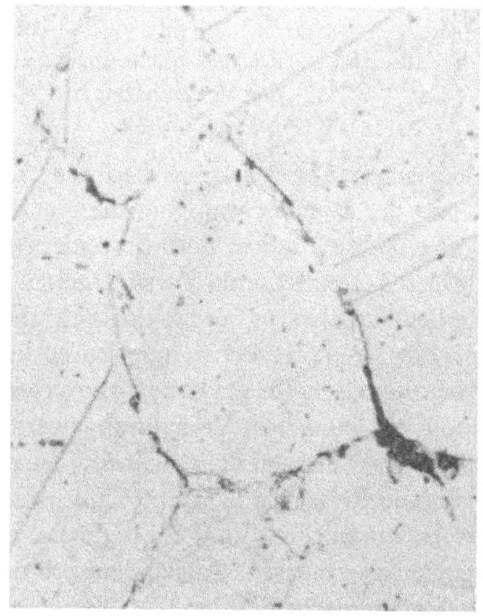

Abb. 12 600° C, 15 kg/mm², 3 806 h
Bruchdehnung 7,4%,
Brucheinschnürung 16%

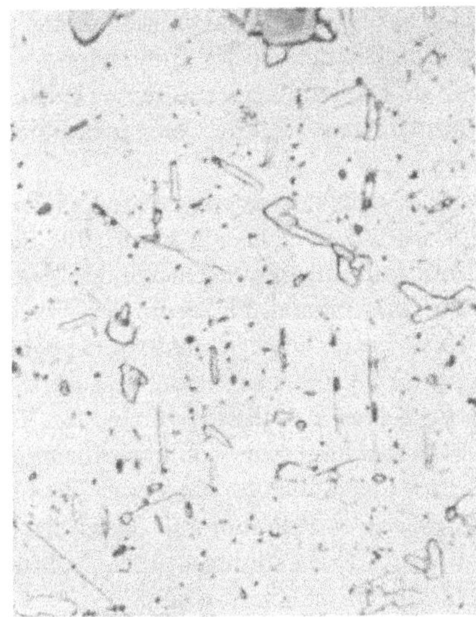

Abb. 13 650° C, 4 kg/mm², 53 358 h, ausgebaut

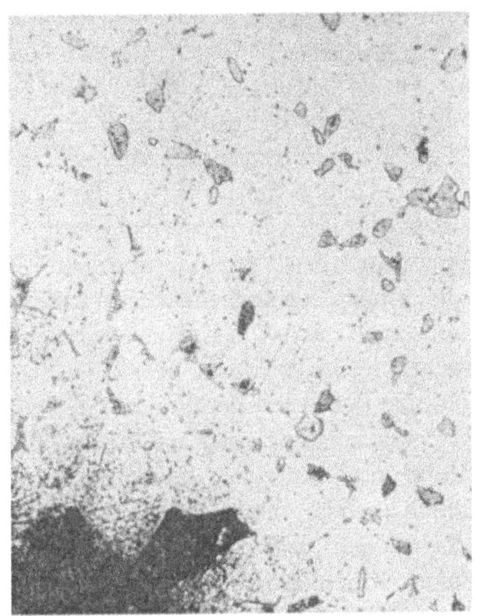

Abb. 14 750° C, 3 kg/mm², 3 172 h Bruchdehnung nicht meßbar, Brucheinschnürung 31%

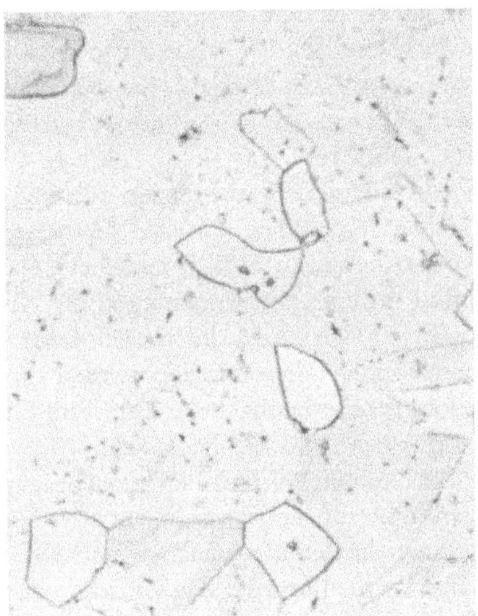

Abb. 15 800° C, 2 kg/mm², 21 722 h, ausgebaut

grenzenausscheidungen auch im weniger hoch belasteten Einspannkopf der Probe vorhanden. Die während des Zeitstandversuches entstandene Phase ist jetzt auch teilweise auf den Korngrenzen des Probekopfes, also in der weniger stark verformten Zone zu finden; stärker tritt sie in der Meßlänge auf, und es scheint sich aus ihr eine weitere Phase auszuscheiden. Die Natur dieser Phasen ist noch nicht näher bestimmt worden; nach den früheren Untersuchungen [8, 9] dürfte es sich um das Karbid $Me_{23}C_6$ und um die Sigmaphase handeln, während die punktförmigen Ausscheidungen in den Körnern TiC sein dürften. Weitere Untersuchungen sollen klären, ob in diesen auch Ferrit auftritt.

Auch bei 650° C haben wir mit der Länge des Versuches anwachsende Mengen der Ausscheidungen in den Korngrenzen und Kornflächen. Dies gilt einmal für die feinen, auch bei Vergrößerung von 1500:1 nur punktförmig erscheinenden Ausscheidungen, als auch für die noch nicht genauer bestimmten Phasen an den Korngrenzen. Nach 400 h Laufzeit hat sich noch kein wesentlicher Unterschied gegen die vergleichbare Probe bei 600° C ergeben, nur daß die Ausscheidungen gröber wirkten. Besonders deutlich ist die Vergrößerung aller Ausscheidungen in Abb. 13 zu erkennen, das einer nach 53 358 h ausgebauten und nur wenig verformten Probe entnommen ist; die Ausscheidungen treten jetzt auch im Korn auf. Häufig stehen auch bei dieser Temperatur die Mikrorisse in Verbindung mit diesen Ausscheidungen, und mehrfach scheinen durch die Ätzbehandlung an den Mikrorissen gröbere Ausscheidungen aus dem Schliff herausgefallen zu sein.

Die Schliffe aus den 700° C-Proben zeigen im Vergleich zu den tieferen Temperaturen eine weitere Vermehrung der Ausscheidungen in den Kornflächen; neben den punktförmigen, bereits bei tieferen Temperaturen vorhandenen tritt die bereits in Abb. 12 beobachtete Feinausscheidung deutlicher hervor, die an manchen Stellen wie ein Muster wirkt, in dem gerichtete Ausscheidungen mit ausscheidungsfreien Stellen abwechseln. Bei der Probe mit der längsten Laufzeit, 5054 h, tritt nahe den Rissen eine neue Kristallart auf, die wahrscheinlich mit den früher nachgewiesenen Nitriden [7] identisch ist und durch Stickstoffeinwanderung von außen gebildet wird, vgl. Abb. 14.

Bei 750° C koagulieren die auf den Korngrenzen ausgeschiedenen Teilchen bereits nach 952 h zu kleinen Kristallen, die sich bevorzugt an den Kornecken bilden; noch deutlicher ist dies nach 3172 h zu sehen. Nahe den Rissen zeigen sich wieder als kleine und gröbere Ausscheidungen die Nitride, Abb. 14. Dabei sind nicht nur die Randrisse wirksam, die in sichtbarer Verbindung mit der Probenoberfläche stehen, sondern diese Nitride werden auch an Rissen in größerem Abstand von der Oberfläche beobachtet. Zahl und Größe dieser Ausscheidungen sollten ein Maß für das Alter der Risse sein.

Das Gefüge einer über 128 h mit 800° C und 5 kg/mm^2 beanspruchten Probe unterscheidet sich im Probenkopf von einer vergleichbaren 600° C-Probe durch die verstärkten Ausscheidungen in den Kornflächen und auf den Korngrenzen. In der Meßlänge ist die Zusammenballung der Ausscheidungen weiter fortgeschritten, mehrfach sind auch Zwillingsgrenzen mit Ausscheidungen belegt. Die neugebildeten Phasen haben nach Laufzeiten von 21 722 h eine Größe erreicht, die über die bei den tieferen Temperaturen beobachteten merklich hinaus geht, Abb. 15, wobei sie teilweise in Bezirken liegen, in denen die Feinstausscheidungen fehlen.

Wie bei dem Stahl A wurden auch hier nur wenige Proben gefunden, die rißfrei waren. Schon die oben gezeigten Abbildungen lassen erkennen, daß die Risse bei diesem Stahl und bei diesen höheren Temperaturen weitaus zahlreicher und auch größer sind. Wie vorher sind oft am Bruch noch mehrere andere große Risse vorhanden, Abb. 16. In einigem Abstand von der Bruchstelle nehmen Zahl und Größe der Risse meist ab, Abb. 17. Bei den höheren Temperaturen ist aber auch zuweilen der ganze Schliff mit Rissen bedeckt. Dabei sind Unterschiede zwischen Rand und Mitte des Stabes vorhanden, die auch mit dem Gefüge zusammenhängen. In einigen Fällen ist das Randgefüge feinkörniger als in der Mitte, wobei die Risse in dem gröberen Korn bevorzugt auftreten. Obwohl diese Risse zunächst bedenklich stimmen sollten, sind ihr frühzeitiges Auftreten, ohne daß die Probe zu Bruch geht, ein Zeichen dafür, daß der Werkstoff gegen örtliche Überbeanspruchung äußerst widerstandsfähig ist.

Abb. 16 und 17 Beispiele für die Mikrorisse in Zeitstandproben aus Chrom-Nickel-Titan-Stahl B
650° C, 7,5 kg/mm², 2357 h, Bruchdehnung 9,1%, Brucheinschnürung 21%
Vergrößerung 100:1

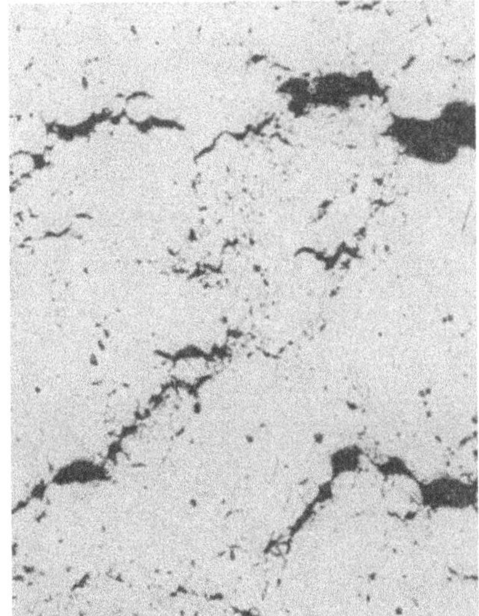

Abb. 16 Stelle nahe dem Bruch

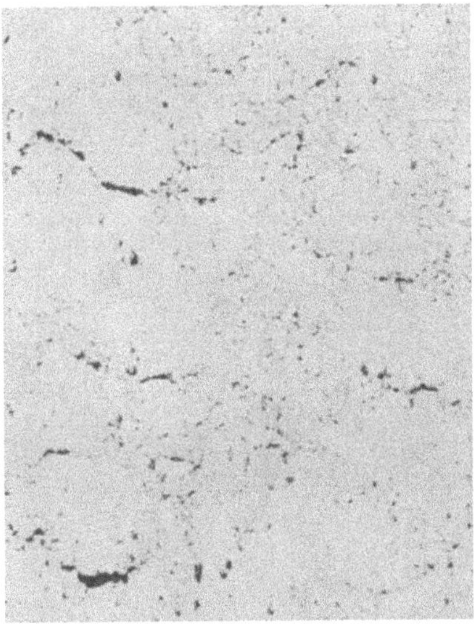

Abb. 17 Stelle in einigen mm Abstand vom Bruch

Bei der großen Zahl der Risse, die in fast allen Proben gefunden wurden, ist mit erheblicher Sicherheit anzunehmen, daß diese Risse schon lange vor dem Bruch entstanden sind. Noch stärker als bei Stahl A dürfte der Anteil der Bruchdehnung sein, der nur auf die Aufweitung der Risse zurückzuführen ist, und besonders groß dürfte dieser bei einigen Proben sein, die bei 800° C über dem Durchschnitt liegende Bruchdehnungen von mehr als 20% haben. Sie erhöhen vor allem die während der Versuche gemessenen Dehngeschwindigkeiten und haben vermutlich großen Anteil an den beobachteten Ungleichmäßigkeiten.

Wenn auch nur wenige Proben vor dem Bruch ausgebaut und auf Risse überprüft worden sind, so dürfte sich hieraus kein Widerspruch ergeben. Denn die Proben ohne Risse sind nach weniger als einem Drittel der aus den Parallelversuchen anzunehmenden Bruchzeit ausgebaut worden. Dagegen wurden Risse gefunden in der Probe Nr. 18, die bei 650° C und 7,5 kg/mm² Beanspruchung nach 6471 h bei einer Gesamtdehnung von 3,9% ausgebaut wurde, und der Probe Nr. 75, die bei der gleichen Temperatur und 4 kg/mm² Beanspruchung nach 17 007 h mit etwa 0,6% Gesamtdehnung ausgebaut wurde. Auch Probe Nr. 53, die bei 650° C und 4 kg/mm² Beanspruchung in 53 358 h nur eine Gesamtdehnung von rd. 0,1% erfahren hatte, hatte im Schliff Anrisse mitlerer und kleinerer Ausdehnung, sogar in der Hohlkehle. Die bei 800° C mit 2 kg/mm² Beanspruchung über 21 722 h gelaufene Probe Nr. 86 war bei 27% Dehnung voller Risse.

III. Zusammenfassung

Ein ferritischer Chrom-Molybdän-Stahl ähnlich 13 CrMo 44 und ein austenitischer Chrom-Nickel-Titan-Stahl ähnlich der Werkstoffnummer 1.4541 (X 10 CrNiTi 189) wurden durch mehrjährige Zeitstandversuche bei 500–600 bzw. 600–800° C untersucht, wobei nach Möglichkeit die Zeitdehnlinien bis zum Bruch der Proben aufgenommen wurden. Bei den niedrigeren Beanspruchungen wurde nach teilweise sehr kurzen Anlaufvorgängen, unterbrochen von kleinen Unregelmäßigkeiten, ein fortlaufender, gleichmäßiger Anstieg der Zeitdehnlinie über mehrere 10 000 h gefunden. Bei etwas höheren Beanspruchungen folgte auf einen solchen gleichmäßigen Anstieg ein Abschnitt mit zunehmender Dehngeschwindigkeit, der etwa das letzte Drittel der Versuchszeit bis zum Bruch umfaßte. Voraussagen für einen Dauerbetrieb ohne Bruchgefahr bei diesen Temperaturen lassen sich für den Stahl A nur machen, wenn über längere Zeiten Dehngeschwindigkeiten von weniger als $3 \cdot 10^{-5}$%/h gemessen werden; für den Stahl B wurde auch bei solchen niedrigen Dehngeschwindigkeiten das Auftreten von Mikrorissen im Gefüge beobachtet.

Das Mikrogefüge beider Stähle ändert sich im Laufe der Zeitstandversuche. Bei dem ferritischen Chrom-Molybdän-Stahl A wurde eine fortschreitende Ausscheidung von Karbiden auf Korngrenzen und im Korn beobachtet, begleitet von einer Zusammenballung. Der austenitische Chrom-Nickel-Titan-Stahl B zeigte im Laufe der Zeitstandversuche neben der Ausscheidung von Karbiden die Bildung neuer Phasen vorzugsweise auf Korngrenzen und Kornecken, vermutlich $Me_{23}C_6$ und Sigmaphase, mit denen oft Mikrorisse in Verbindung standen. Daneben trat bei 700° C und darüber an Rissen Nitrid auf. In allen gebrochenen Proben, auch an einigen nichtgebrochenen, wurden Risse beobachtet, mit deren Fortschreiten Streuungen in der Dehngeschwindigkeit und in der Bruchzeit erklärt werden.

Dr.-Ing. habil. Alfred Krisch

Literaturverzeichnis

[1] Verhalten warmfester Stähle im Langzeitstandversuch bei 500–700° C. Vorwort, Teil 1–8. Arch. Eisenhüttenwes. 28 (1957), S. 245–323.

[2] Das Langzeitverhalten warmfester Stähle. Vorwort, Teil I–III. Arch. Eisenhüttenwes. 33 (1962), S. 27–60.

[3] Buchholtz, H., Z. VDI 95 (1953), S. 809–811.

[4] Pomp, A., und W. Enders, Mitt. K.-Wilh.-Inst. Eisenforsch. 12 (1930), S. 127–147.

[5] Pomp, A., und A. Dahmen, Mitt. K.-Wilh.-Inst. Eisenforsch. 9 (1927), S. 33–52.

[6] Krisch, A., Arch. Eisenhüttenwes. 33 (1962), S. 107–113 (Mitt. Max-Planck-Inst. Eisenforsch., Abh. 905). — Krisch, A., Über die Extrapolation von Zeitstandversuchen. Forschungsberichte des Landes Nordrhein-Westfalen, Ber. Nr. 1158 (1963).

[7] Schrader, A., und A. Krisch, Arch. Eisenhüttenwes. 33 (1962), S. 167–175 (Mitt. Max-Planck-Inst. Eisenforsch., Abh. 909).

[8] Krisch, A., Arch. Eisenhüttenwes. 28 (1957), S. 305–310.

[9] Koch, W., A. Schrader, A. Krisch und H. Rohde, Stahl u. Eisen 78 (1958), S. 1251–1262 (Mitt. Max-Planck-Inst. Eisenforsch., Abh. 776).

FORSCHUNGSBERICHTE DES LANDES NORDRHEIN-WESTFALEN

Herausgegeben im Auftrage des Ministerpräsidenten Dr. Franz Meyers
von Staatssekretär Prof. Dr. h. c. Dr.-Ing. E. h. Leo Brandt

EISENVERARBEITENDE INDUSTRIE

HEFT 39
Forschungsgesellschaft Blechverarbeitung e. V., Düsseldorf
Aus den Arbeiten des Instituts für Werkzeugmaschinen an der Technischen Hochschule Hannover
Untersuchungen an prägegemusterten und vorgelochten Blechen
1953. 40 Seiten, 34 Abb. DM 9,50

HEFT 43
Forschungsgesellschaft Blechverarbeitung e. V., Düsseldorf
Forschungsergebnisse über das Beizen von Blechen
1953. 41 Seiten, 38 Abb., 3 Tabellen. Vergriffen

HEFT 51
Verein zur Förderung von Forschungs- und Entwicklungsarbeiten in der Werkzeugindustrie e. V., Remscheid
Untersuchungen an Kreissägeblättern für Holz, Fehler- und Spannungsprüfverfahren
1953. 39 Seiten, 23 Abb. DM 10,—

HEFT 56
Forschungsgesellschaft Blechverarbeitung e. V., Düsseldorf
Untersuchungen über einige Probleme der Behandlung von Blechoberflächen
1953. 41 Seiten, 42 Abb. DM 11,20

HEFT 60
Forschungsgesellschaft Blechverarbeitung e. V., Düsseldorf
Untersuchungen über das Spritzlackieren im elektrostatischen Hochspannungsfeld
1954. 82 Seiten, 53 Abb., 7 Tabellen. Vergriffen

HEFT 61
Verein zur Förderung von Forschungs- und Entwicklungsarbeiten in der Werkzeugindustrie e. V., Remscheid
Schwingungs- und Arbeitsverhalten von Kreissägeblättern für Holz I
1953. 43 Seiten, 31 Abb. DM 11,40

HEFT 65
Fachverband Schneidwarenindustrie, Solingen
Untersuchungen über das elektrolytische Polieren von Tafelmesserklingen aus rostfreiem Stahl
1954. 79 Seiten, zahlreiche Abb., 9 Tabellen. DM 17,35

HEFT 87
Gemeinschaftsausschuß Verzinken, Düsseldorf
Untersuchungen über Güte von Verzinkungen
1954. 56 Seiten, 56 Abb., 3 Tabellen. Vergriffen

HEFT 98
Fachverband Gesenkschmieden, Hagen
Die Arbeitsgenauigkeit beim Gesenkschmieden unter Hämmern
1954. 117 Seiten, 55 Abb., 9 Tabellen. DM 24,75

HEFT 116
Prof. Dr.-Ing. E. Siebel und Dr.-Ing. Helmut Weiss, Stuttgart
Untersuchungen an einigen Problemen des Tiefziehens — I. Teil
1955. 59 Seiten, 50 Abb., 6 Tabellen. DM 14,50

HEFT 117
Dr.-Ing. H. Beißwänger, Stuttgart und Dr.-Ing. S. Schwandt, Trier
Untersuchungen an einigen Problemen des Tiefziehens — II. Teil
1954. 77 Seiten, 34 Abb., 8 Tabellen. DM 17,70

HEFT 150
Prof. Dr.-Ing. Otto Kienzle und Dipl.-Ing. F. Wilhelm Timmerbeil, Hannover
Das Durchziehen enger Kragen an ebenen Fein- und Mittelblechen
1955. 39 Seiten, 20 Abb., 8 Tabellen. DM 11,30

HEFT 177
Dipl.-Ing. Hans Stüdemann, Solingen und Dr.-Ing. W. Müchler, Essen
Entwicklung eines Verfahrens zur zahlenmäßigen Bestimmung der Schneideigenschaften von Messerklingen
1956. 92 Seiten, 68 Abb., 4 Tabellen. DM 22,20

HEFT 224
Dipl.-Ing. Hans Stüdemann und Ing. R. Beu, Forschungsinstitut für die Schneidwarenindustrie an der Fachschule für Metallgestaltung und Metalltechnik Solingen
Verfahren zur Prüfung der Korrosionsbeständigkeit von Messerklingen aus rostfreiem Stahl
1956. 82 Seiten, 28 Abb. DM 16,90

HEFT 225
Dr.-Ing. Eginhard Barz, Remscheid
Der Spannungszustand von Gattersägeblättern
1956. 63 Seiten, 54 Abb. DM 16,50

HEFT 277
Dr.-Ing. W. Müchler, Forschungsinstitut für Metallgestaltung und Metalltechnik, Solingen
Direktor: Dipl.-Ing. Hans Stüdemann
Untersuchung und zahlenmäßige Bestimmung der Schneideigenschaften von Messern mit besonderer Berücksichtigung rostfreier Messerstähle
1956. 47 Seiten, 27 Abb., 5 Tabellen. DM 13,20

HEFT 283
Prof. Dr. phil. Franz Wever und
Dr.-Ing. Werner Lueg, Max-Planck-Institut für Eisenforschung, Düsseldorf
Warmstauchversuche zur Ermittlung der Formänderungsfestigkeit von Gesenkschmiede-Stählen
1956. 31 Seiten, 19 Abb. DM 9,90

HEFT 285
Prof. Dr.-Ing. Otto Kienzle, Dr.-Ing. Kurt Lange und Dipl.-Ing. Helmut Meinert, Institut für Werkzeugmaschinen und Umformtechnik der Technischen Hochschule Hannover
Einfluß der Oberfläche auf das Verschleißverhalten von Schmiedegesenken
1956. 50 Seiten, 29 Abb., 8 Tabellen. DM 14,60

HEFT 286
Dr.-Ing. Kurt Lange, Dipl.-Ing. Helmut Meinert, unter Mitarbeit von Dr.-Ing. Heinz Arend, Institut für Werkzeugmaschinen und Umformtechnik der Technischen Hochschule Hannover
Verschleißverhalten hartverchromter Schmiedegesenke
1956. 62 Seiten, 53 Abb., 6 Tabellen. DM 17,65

HEFT 321
Prof. Dr. phil. Franz Wever und
Dr. phil. Wolfgang Wepner, Max-Planck-Institut für Eisenforschung, Düsseldorf
Gleichzeitige Bestimmung kleiner Kohlenstoff- und Stickstoffgehalte im α-Eisen durch Dämpfungsmessung
1956. 17 Seiten, 4 Abb., 3 Tabellen. DM 6,80

HEFT 322
Prof. Dr.-Ing. Franz Bollenrath und
Dipl.-Ing. Wilhelm Domke, Aachen
Eigenspannungen in vergüteten, dickwandigen Stahlzylindern nach Oberflächenhärtung mit induktiver Erwärmung
1956. 17 Seiten, 9 Abb., 2 Tabellen. DM 6,90

HEFT 360
Dr.-Ing. Eginhard Barz, Remscheid
Fertigungsverfahren und Spannungsverlauf bei Kreissägeblättern für Holz
1957. 68 Seiten, 40 Abb., DM 17,—

HEFT 367
Dr. rer. nat. Dietrich Horstmann, Max-Planck-Institut für Eisenforschung und Gemeinschaftsausschuß Verzinken, Düsseldorf
Der Angriff eisengesättigter Zinkschmelzen auf kohlenstoff-, schwefel- und phosphorhaltiges Eisen
1957. 42 Seiten, 22 Abb., 6 Tabellen. DM 12,85

HEFT 375
Technischer Überwachungs-Verein e. V., Essen
Wanddickenmessungen mittels radioaktiver Strahlen und Zählrohrgerät
1958. 24 Seiten, 15 Abb. DM 9,55

HEFT 376
Technischer Überwachungs-Verein e. V., Essen
Wasserumlaufprobleme an Hochdruckkesseln
1958. 126 Seiten, 56 Abb., 8 Tabellen. DM 32,60

HEFT 377
Technischer Überwachungs-Verein e. V., Essen
Versuche an Wanderrostkesseln mit befeuchteter Verbrennungsluft
1958. 35 Seiten, 19 Abb., 2 Tabellen. DM 12,20

HEFT 395
Dipl.-Ing. Ludwig Hahn, Clausthal-Zellerfeld
Untersuchungen zur Frage des optimalen Bohrloch- und Patronendurchmessers
1957. 119 Seiten, 49 Abb., 19 Tabellen. DM 31,25

HEFT 445
Dr. Ing. Eginhard Barz, Remscheid
Fertigungs- und Prüfverfahren für Feilen
Vergriffen

HEFT 447
Prof. Dr.-Ing. Franz Bollenrath, Aachen
Dr.-Ing. H. Füllenbach, Seesen und
Dipl.-Ing. J. Schumacher
Entwicklung rationell arbeitender Spritzkabinen
1958. 44 Seiten, 26 Abb. Vergriffen

HEFT 473
Prof. Dr. phil. Franz Wever, Dr.-Ing. Werner Lueg und Dipl.-Ing. Paul Funke jr., Max-Planck-Institut für Eisenforschung, Düsseldorf
Versuche an einer hydraulischen 25-t-Stangenziehbank
1957. 22 Seiten, 11 Abb. DM 8,95

HEFT 557
Dr.-Ing. Hans Schiffers, Dipl.-Ing. Dieter Ammann, Dipl.-Ing. Erich Brugger und Dipl.-Ing. Rudolf Dicke, Gießerei-Institut der Rhein.-Westf. Technischen Hochschule Aachen
Härtbarkeit von Gußeisen mit Lamellen- und Kugelgraphit in Abhängigkeit von Zusammensetzung und Gefüge
1958. 29 Seiten, 24 Abb., 1 Tabelle. DM 11,—

HEFT 630
Prof. Dr. phil. Walter Koch und Dr. techn. Dipl.-Ing. Hanns Malissa, Max-Planck-Institut für Eisenforschung, Düsseldorf
Beiträge zur Spurenanalyse im Reinsteisen
1958. 25 Seiten, 8 Tabellen. DM 7,60

HEFT 639
Prof. Dr.-Ing. habil. Karl Krekeler, Dr.-Ing. Heinz Peukert und Dipl.-Ing. Otto Schwarz, Institut für Kunststoffverarbeitung an der Rhein.-Westf. Technischen Hochschule Aachen
Auswertung der in- und ausländischen Literatur auf dem Gebiete des Metallklebens
1958. 152 Seiten. Vergriffen

HEFT 655
Dr. rer. pol. A. Theodor Wuppermann, Prof. Dr.-Ing. M. Pfender und Reg.-Rat Dipl.-Ing. E. Amedick, Im Auftrage des Vereins Deutscher Eisenhüttenleute, Düsseldorf
Untersuchung des Einflusses von Oberflächenfehlern auf die Dauerhaltbarkeit von Kurbelwellen
1958. 48 Seiten, 101 Abb., 4 Tabellen. DM 10,—

HEFT 680
Prof. Dr. phil. Walter Koch, Dr.-Ing. Angelika Schrader, Dr.-Ing. habil. Alfred Krisch und Dipl.-Phys. Helmut Rohde, Max-Planck-Institut für Eisenforschung, Düsseldorf
Änderungen im Gefügeaufbau austenitischer Chrom-Nickel-Stähle bei Zeitstandversuchen von mehrjähriger Dauer
1959. 37 Seiten, 23 Abb., 5 Tabellen. DM 12,20

HEFT 681
Prof. Dr.-Ing. Dr.-Ing. E. h. Hermann Schenk und Dr.-Ing. Werner Wenzel, Institut für Eisenhüttenwesen der Rhein.-Westf. Technischen Hochschule Aachen
Die Reduktion von Eisenerzen im Elektro-Fließbett
1959. 76 Seiten, 20 Abb., 12 Tabellen. DM 19,60

HEFT 693
Prof. Dr.-Ing. Otto Kienzle, Dr.-Ing. Friedrich Wilhelm Timmerbeil und Dr.-Ing. Thomas Jordan, Hannover
Einige Untersuchungen über das Schneiden von Blechen
1959. 55 Seiten, 54 Abb., 3 Tabellen. DM 17,40

HEFT 702
Prof. Dr. phil. Walter Koch und Dipl.-Phys. Dr. rer. nat. Hans Lüdering, Max-Planck-Institut für Eisenforschung, Düsseldorf
Statistische Auswertung von Thomasroheisenproben guter und schlechter Verblasbarkeit
1959. 20 Seiten, 3 Abb., 3 Tabellen. DM 6,50

HEFT 703
Prof. Dr. phil. Walter Koch und Dipl.-Phys. Dr. phil. Heinz Sundermann, Max-Planck-Institut für Eisenforschung, Düsseldorf
Isolierungstechnische Untersuchungen an Thomasroheisen
1959. 28 Seiten, 16 Abb., 1 Tabelle. DM 9,—

HEFT 705
Dr.-Ing. Karl Ernst Mayer, Dr.-Ing. Helmut Knüppel, Ing. Arthur Stumpf, Dortmund-Hörder-Hüttenunion AG., Dortmund, und Prof. Dr. phil. Walter Koch, Max-Planck-Institut für Eisenforschung, Düsseldorf
Wege zur automatischen Überwachung des Thomasverfahrens
1959. 56 Seiten, 20 Abb., 7 Tabellen. DM 14,80

HEFT 714
Prof. Dr.-Ing. Wilhelm Patterson, Gießerei-Institut der Rhein.-Westf. Technischen Hochschule Aachen
Wirkung einer Gasspülung auf den Magnesiumverbrauch bei der Herstellung von Gußeisen mit Kugelgraphit
1959. 44 Seiten, 35 Abb., 14 Tabellen. DM 13,40

HEFT 728
Dr.-Ing. Klaus Spies, Dortmund
Die Zwischenformen beim Gesenkschmieden und ihre Herstellung durch Formwalzen
1959. 113 Seiten, 61 Abb., 2 Tabellen. DM 29,60

HEFT 740
Dr. rer. nat. Dietrich Horstmann, Max-Planck-Institut für Eisenforschung und Gemeinschaftsausschuß Verzinken, Düsseldorf
Einfluß einiger Eisen- und Zinkbegleiter auf Größe und Art des Zinkangriffs auf Eisen
1959. 38 Seiten, 22 Abb., 1 Tabelle. DM 12,60

HEFT 741
Dipl.-Ing. Hans Stüdemann, Dipl.-Ing. Fritz Esselborn und Ing. Hermann Hartmann, Forschungsinstitut an der Fachschule für Metallgestaltung und Metalltechnik, Solingen
Untersuchungen zur Prüfung der Korrosionsbeständigkeit rostbeständiger Besteckbleche aus Chromstahl
1959. 31 Seiten, 30 Abb., 4 Tabellen. DM 10,30

HEFT 742
Dr.-Ing. Eginhard Barz, Verein zur Förderung von Forschungs- und Entwicklungsarbeiten in der Werkzeugindustrie e. V., Remscheid
Schneideigenschaften von schneidenden Zangen und Prüfverfahren
1959. 66 Seiten, 40 Abb., 4 Tabellen. DM 18,40

HEFT 757
Dr.-Ing. Angelika Schrader und
Dr.-Ing. habil. Alfred Krisch, Max-Planck-Institut für Eisenforschung, Düsseldorf
Mikroskopische Beobachtungen von Ausscheidungen in austenitischen und ferritischen Stählen nach dem Kriechversuch
1959. 21 Seiten, 22 Abb., 1 Tabelle. DM 8,60

HEFT 780
Prof. Dr. phil. Franz Wever, Dr.-Ing. Werner Lueg und Dr.-Ing. Paul Funke, Max-Planck-Institut für Eisenforschung, Düsseldorf
Untersuchung von Walzölen und Walzölemulsionen im Kaltwalzversuch
1959. 68 Seiten, 28 Abb., mehr. Tabellen. DM 18,50

HEFT 781
Verein zur Förderung von Forschungs- und Entwicklungsarbeiten in der Werkzeugindustrie e. V., Remscheid
Verformungseinflüsse bei der Feilenherstellung
1959. 65 Seiten, 39 Abb. DM 20,—

HEFT 840
Prof. Dr. phil. Franz Wever,
Dr.-Ing. Hans-Günter Müller und
Dr.-Ing. Paul Funke, Max-Planck-Institut für Eisenforschung, Düsseldorf
Versuchsmäßige und rechnerische Bestimmung von Walzkraft und Drehmoment unter Einwirkung von Bandzugspannungen beim Kaltwalzen von Bandstahl
1960. 36 Seiten, 12 Abb., 3 Tafeln. DM 10,90

HEFT 841
Dr. rer. nat. Hubert Blanck, Max-Planck-Institut für Eisenforschung, Düsseldorf
Untersuchungen zur Kinetik des Martensitzerfalls
1960. 33 Seiten, 11 Abb., kart. DM 10,30

HEFT 848
Dipl.-Ing. Hans-Jochen Stöter, Institut für Werkzeugmaschinen und Umformtechnik der Technischen Hochschule Hannover
Untersuchung des Schmiedevorganges in Hammer und Presse, insbesondere hinsichtlich des Steigens
1960. 133 Seiten, 62 Abb., 8 Tabellen. DM 35,60

HEFT 889
Dr.-Ing. Werner Hufschmidt, Lehrstuhl für Heizung und Lüftung an der Rhein.-Westf. Technischen Hochschule Aachen
Die Eigenschaften von Rippenrohrluftkühlern im Arbeitsbereich der Klimaanlage
1960. 125 Seiten, 37 Abb. DM 33,30

HEFT 890
Dr.-Ing. Heinz Meyer, Institut für Werkzeugmaschinen und Umformtechnik, Technische Hochschule Hannover
Untersuchungen über den Umformvorgang in Waagerecht-Stauchmaschinen
1960. 75 Seiten, 61 Abb., 3 Tabellen. DM 21,90

HEFT 916
Dipl.-Ing. Hans-Joachim Crasemann, Forschungsstelle Blechbearbeitung am Institut für Werkzeugmaschinen und Umformtechnik der Technischen Hochschule Hannover
Direktor: Prof. Dr.-Ing. Dr.-Ing. E. h. Otto Kienzle
Der offene, kreuzende Scherschnitt an Blechen
1960. 138 Seiten, 66 Abb., 10 Tabellen. DM 40,70

HEFT 1000
Dipl.-Ing. Hartmut Tolkien, Institut für Werkzeugmaschinen und Umformtechnik der Technischen Hochschule Hannover
Direktor: Prof. Dr.-Ing. Dr.-Ing. E. h. Otto Kienzle
Schmierwirkungen in Schmiedegesenken
1961. 150 Seiten, 75 Abb., 2 Tabellen, 1 Anhang. DM 44,90

HEFT 1004
Dr.-Ing. Eginhard Barz, Verein zur Förderung von Forschungs- und Entwicklungsarbeiten in der Werkzeugindustrie e. V., Remscheid
Untersuchung von Schraubendrehern und Schraubenverbindungen
1961. 68 Seiten, 26 Abb., 12 Tabellen. DM 22,30

HEFT 1027
Dr.-Ing. Eginhard Barz, Verein zur Förderung von Forschungs- und Entwicklungsarbeiten in der Werkzeugindustrie e. V., Remscheid
Prüfung von Feilen
1961. 57 Seiten, 23 Abb., 7 Tabellen. DM 20,50

HEFT 1028
Dr.-Ing. Siegfried Stendorf, Verein zur Förderung von Forschungs- und Entwicklungsarbeiten in der Werkzeugindustrie e. V., Remscheid
Das Gleitstauchen von Schneidezähnen an Sägen für Holz
1961. 138 Seiten, 85 Abb., 9 Tabellen. DM 47,10

HEFT 1056
Dr.-Ing. Oskar Pawelski und Dr.-Ing. Werner Lueg †, Max-Planck-Institut für Eisenforschung, Düsseldorf
Der Spannungszustand beim Ziehen und Einstoßen von runden Stangen
1962. 106 Seiten, 35 Abb., 10 Tabellen. DM 33,60

HEFT 1089
Direktor Dipl.-Ing. Hans Stüdemann und
Dr.-Ing. Fritz Esselborn, Forschungsinstitut an der Fachschule für Metallgestaltung und Metalltechnik, Solingen
Untersuchungen über den Einfluß der Zusammensetzung und Gefügeausbildung auf das Härtungsverhalten des Stahles X 40 Cr 13
1962. 37 Seiten, 37 Abb., 8 Tabellen. DM 17,—

HEFT 1091
Dipl.-Ing. Kurt Buchmann, Forschungsgesellschaft Blechverarbeitung e. V., Düsseldorf
Beitrag zur Verschleißbeurteilung beim Schneiden von Stahlfeinblechen
1962. 126 Seiten, 77 Abb. DM 71,40

HEFT 1129
Prof. Dr.-Ing. Joseph Mathieu, Forschungsinstitut für Rationalisierung an der Rhein.-Westf. Technischen Hochschule, Aachen, im Auftrage des Fachverbandes Gesenkschmieden im Wirtschaftsverband Stahlverformung, Hagen
Richtwerte für eine Platzkostenrechnung in der Gesenkschmiedeindustrie
1963. 54 Seiten, 7 Tabellen, 52 Seiten tabellarischer Anhang. DM 63,30

HEFT 1140
Direktor Dipl.-Ing. Hans Stüdemann und Dipl.-Ing. Fritz Esselborn, Forschungsinstitut an der Fachschule für Metallgestaltung und Metalltechnik, Solingen
Einflüsse der Prüfbedingungen auf die Ergebnisse von Schneideigenschaftsprüfungen an Messern
1962. 33 Seiten, 24 Abb. DM 14,80

HEFT 1162
Prof. Dr.-Ing. Dr.-Ing. E. h. Otto Kienzle und Dipl.-Ing. Manfred Meyer, im Auftrage der Forschungsgesellschaft Blechverarbeitung e. V., Düsseldorf
Verfahren zur Erzielung glatter Schnittflächen beim vollkantigen Schneiden von Blech
1963. 114 Seiten, 71 Abb., 6 Tabellen. DM 60,40

HEFT 1164
Dr.-Ing. Eginhard Barz u. a., Verein zur Förderung von Forschungs- und Entwicklungsarbeiten in der Werkzeugindustrie e. V., Remscheid
Teil I: Arbeitsverhalten von scheibenförmigen Werkzeugen
Teil II: Schnittversuche von verleimten Holzwerkzeugen
1963. 90 Seiten, 16 Abb., 6 Tabellen. DM 44,80

HEFT 1171
Prof. Dr.-Ing., Dr.-Ing E. h. Otto Kienzle und Dipl.-Ing. Kurt Haverbeck, Hannover, im Auftrage der Forschungsgesellschaft Blechverarbeitung e. V., Düsseldorf
Das Herstellen von Außenborden an Blechteilen zwischen Stempel und Ring
1963. 96 Seiten, 58 Abb. DM 54,50

HEFT 1347
Dr. rer. nat. Dietrich Horstmann, Max-Planck-Institut für Eisenforschung und Gemeinschaftsausschuß Verzinken, Düsseldorf
Allgemeine Gesetzmäßigkeiten des Einflusses von Eisenbegleitern auf die Vorgänge beim Feuerverzinken

HEFT 1348
Prof. Dr.-Ing. Dr. h. c. Herwart Opitz, Dr.-Ing. Wilfried König und Dipl.-Ing. D. Neumann Laboratorium für Werkzeugmaschinen und Betriebslehre der Rhein.-Westf. Technischen Hochschule Aachen
Einfluß verschiedener Schmelzen auf die Zerspanbarkeit von Gesenkschmiedestücken
In Vorbereitung

HEFT 1349
Dr.-Ing. Tin Ming Wu, Forschungsstelle Gesenkschmieden an der Technischen Hochschule Hannover
Untersuchungen über das Auftragsschweißen von Gesenken für Schmiedestücke aus Stahl
In Vorbereitung

HEFT 1350
Prof. Dr. phil. Karl Löbberg, Dipl.-Ing. Klaus Röhrig und Dr.-Ing. Peter Sahm, Institut für Gießereikunde der Technischen Universität, Berlin
Über die Keimbildung in unlegiertem Kupfer und unlegiertem Eisen
In Vorbereitung

HEFT 1352
Direktor Dipl.-Ing. Hans Stüdemann und Dr.-Ing. Fritz Esselborn, Forschungsinstitut an der Fachschule für Metallgestaltung und Metalltechnik, Solingen
Die Ergebnisse von Schneideigenschaftsprüfungen an Messern unter Berücksichtigung des Einflusses der geometrischen Form des Messers und des Einflusses der Karbidverteilung und -größe im Werkstoff
In Vorbereitung

HEFT 1353
Direktor Dipl.-Ing. Hans Stüdemann und Dr.-Ing. Fritz Esselborn, Forschungsinstitut an der Fachschule für Metallgestaltung und Metalltechnik, Solingen
Untersuchungen über den Einfluß unterschiedlicher Herstellungsverfahren auf die Qualität rostbeständiger Messer
In Vorbereitung

HEFT 1354
Direktor Dipl.-Ing. Hans Stüdemann und Dr.-Ing. Fritz Esselborn, Forschungsinstitut an der Fachschule für Metallgestaltung und Metalltechnik, Solingen
Untersuchungen über den Einfluß der Wärmebehandlung in Zusammenhang mit unterschiedlicher Herstellung auf die Eigenschaften von rostbeständigen Messern
In Vorbereitung

HEFT 1355
Dr.-Ing. habil. Alfred Krisch, Max-Planck-Institut für Eisenforschung, Düsseldorf
Kriechverhalten, Gefügeänderungen und Risse bei mehrjährigen Zeitstandversuchen

HEFT 1381

Dr.-Ing. Heinz Meyer-Nolkemper, Forschungsstelle Gesenkschmieden an der Technischen Hochschule Hannover

Im Auftrag des Fachverbandes Gesenkschmieden im Wirtschaftsverband Stahlverformung, Hagen

Dornen in Waagerecht-Stauchmaschinen

In Vorbereitung

HEFT 1413

Dr. rer. nat. Dietrich Horstmann und Dipl.-Ing. Ulrich Krause, Max-Planck-Institut für Eisenforschung und Gemeinschaftsausschuß Verzinken, Düsseldorf

Einfluß von Oberflächenrauhheit und Glühbehandlung auf die Güte verzinkter Bleche

In Vorbereitung

HEFT 1421

Dr.-Ing. H. Füllenbach, H. Lange, H. Parthey und I. N. Stanski, Forschungsgesellschaft Blechverarbeitung e. V., Düsseldorf

Metallurgische und technologische Untersuchungen an Weichloten

In Vorbereitung

Verzeichnisse der Forschungsberichte aus folgenden Gebieten können beim Verlag angefordert werden:
Acetylen/Schweißtechnik – Arbeitswissenschaft – Bau/Steine/Erden – Bergbau – Biologie – Chemie – Eisenverarbeitende Industrie – Elektrotechnik/Optik – Energiewirtschaft – Fahrzeugbau/Gasmotoren – Farbe/Papier/Photographie – Fertigung – Funktechnik/Astronomie – Gaswirtschaft – Holzbearbeitung – Hüttenwesen/Werkstoffkunde – Kunststoffe – Luftfahrt/Flugwissenschaften – Luftreinhaltung – Maschinenbau – Mathematik – Medizin/Pharmakologie/NE-Metalle – Physik – Rationalisierung – Schall/Ultraschall – Schifffahrt – Textiltechnik/Faserforschung/Wäschereiforschung – Turbinen – Verkehr – Wirtschaftswissenschaft.

WESTDEUTSCHER VERLAG · KÖLN UND OPLADEN
567 Opladen/Rhld., Ophovener Straße 1–3

www.ingramcontent.com/pod-product-compliance
Ingram Content Group UK Ltd.
Pitfield, Milton Keynes, MK11 3LW, UK
UKHW061659190726
13853UKWH00008B/2303
* 9 7 8 3 6 6 3 0 6 3 6 6 7 *